Una breve storia di ORA

Amrit Srečko Šorli
Foundations of Physics Institute
Slovenia

Prologo

.... *C'è qualcosa di essenziale dell'Attimo Presente che si trova appena fuori del regno della scienza. La gente come noi, che crede nella fisica, sa che la distinzione tra passato, presente e futuro è solo un'illusione ostinatamente persistente. La cosa più bella che possiamo sperimentare è il mistero. E' la fonte di ogni vera arte e scienza.*

Albert Einstein

INDICE :

1. Il tempo che misuriamo con gli orologi ha solo un'esistenza matematica

2. Un'indagine critica sul bosone di Higgs e il gravitone

2.1. Un equilibrio dinamico permanente dell'Universo

3. La velocità relativa delle modifiche materiali ha la sua origine nella densità dello spazio

4. L'universo matematico è un mezzo di entanglement quantistico

5. Unificare la "doppia natura" della luce

6. Nuovi orizzonti della Teoria della Relatività: un osservatore cosciente è un sistema di riferimento a riposo assoluto

6.1. Un osservatore cosciente permette una profonda comprensione della relatività

6.2. Con la Teoria della Relatività la matematica ha prevalso la fisica

6.3. La diminuzione della densità di energia dello spazio diminuisce la velocità della luce

6.4. I viaggi temporali sono fuori discussione

7. Esplorare la coscienza richiede una nuova metodologia di ricerca

7.1. Esperienza cosciente ed esperienza razionale

8. Cosmo-antropologia

9. Come diminuire il disordine della società umana

1. Il tempo che misuriamo con orologi ha solo un'esistenza matematica

Ogni visione del mondo, così come qualsiasi teoria fisica, offre solo una visione percettiva limitata. Questo perché la nostra vista si estende solo al confine di quegli orizzonti percettivi. Con la crescente conoscenza e l'espansione dei nostri orizzonti interni, possiamo vedere e sperimentare più in profondità di prima. Questo è simile a come in fisica ogni nuova teoria amplia ed espande gli orizzonti della nostra conoscenza e la nostra esperienza dell'universo e della vita in generale.

Spesso nella vita di ogni giorno, noi rifiutiamo i vecchi punti di vista e li sostituiamo con nuovi punti di vista che meglio si adattano a noi, nuovi punti di vista che ci possono permettere un ulteriore sviluppo. In fisica questo è raro. Vecchie teorie non sono generalmente rifiutate e semplicemente gettate via. In fisica le vecchie teorie sono avvolte nelle nuove teorie che sono più universali in natura. Questa è una delle tante bellezze della fisica.

Un esempio di questo punto, quella a cui pensiamo come "la fisica di Einstein", spiega la precessione dei pianeti che la "fisica Newtoniana" non è riuscita a spiegare. Tuttavia, "la fisica di Einstein" non ha bisogno di negare "la fisica Newtoniana", ma piuttosto introduce la "fisica Newtoniana" in un contesto più ampio e semplicemente estende e allarga i suoi orizzonti. Fortunatamente, la fisica è dotata del meccanismo del permanente e ricorrente "auto-controllo". Ovvero, ogni tesi è confermata da esperimenti in cui il fenomeno in questione viene misurato con appropriati strumenti. I fisici quindi controllano per vedere se i risultati ottenuti tramite misurazione corrispondono alla postulazione teorica.

Una caratteristica che trovate nelle teorie fisiche è che la verifica della validità della teoria includerà un'opzione per cui il tutto potrebbe essere errato. In fisica, semplicemente non esistono "verità assolute". Resta inteso che tutte le teorie valide che descrivono un fenomeno possono essere migliorate. Una particolare data teoria è considerata valida finché alcuni nuovi esperimenti dimostrano che non è valida per descrivere un fenomeno di recente scoperta. I fisici quindi andaranno a perfezionare la nuova teoria che estenderà gli orizzonti, al fine di comprendere i fenomeni recentemente scoperti e la supporteranno con modelli matematici avanzati.

Possiamo trovare un buon esempio di questo modello di sviluppo delle teorie nella storia della comprensione della velocità della luce. Intorno alla fine del 19° secolo, i fisici hanno scoperto che la luce ha una velocità costante. La velocità della luce è risultata essere immutabile, indipendentemente dagli spostamenti verso o lontano dalla sorgente luminosa. La fisica newtoniana non era in grado di descrivere questa straordinaria proprietà della luce. I fisici hanno cominciato a pensare a un nuovo modello matematico per descrivere la costanza della velocità della luce. Il matematico tedesco Hermann Minkowski ha sviluppato una geometria quadridimensionale, dove la quarta dimensione X4 è un prodotto del tempo e della velocità della luce. Einstein poi ha preso la bacchetta e ha applicato questo modello per descrivere la velocità della luce come una costante per gli osservatori fissi e in movimento. In queste teorie, la fisica aveva vinto ancora. Tuttavia, un sottoprodotto di questa stessa vittoria era l'insorgenza di un intrinseco malinteso. Purtroppo, i fisici cominciarono a vedere il tempo come una quarta dimensione dello spazio. Anche se un modello matematico di Minkowski conferma che la quarta dimensione, nota come X 4, è il prodotto del tempo, dell'immaginario numero i e della velocità della luce : X4=ict. Questo formalismo tuttavia, rivela chiaramente che quel tempo "t" non è la 4° dimensione di spazio nota come "X 4". La fisica nel ventesimo secolo ha ritenuto che il tessuto dello spazio-tempo fosse l'"arena" fondamentale in cui l'universo esisteva. Tuttavia, l'idea del tempo come quarta dimensione dello spazio non è mai stata veramente verificata sperimentalmente. Non credo che la maggior parte dei fisici sia pronta ad affrontare questo fatto.

Un secolo dopo Einstein, ho creato un nuovo modello matematico del tempo, dove il tempo è essenzialmente e semplicemente un ordine numerico, cioè la sequenza di cambiamenti nell'universo. Come "arena" di base dell'universo ho scelto lo spazio universale tridimensionale, che è stato progettato un secolo fa dal fisico tedesco Max Planck. Planck credeva che lo spazio universale consistesse di tre unità dimensionali e fondamentali di spazio l^3_p:

$$l^3_p = \sqrt{\frac{(\hbar G)^3}{c^9}},$$

Nell'equazione sopra $\hbar$ è la costante di Planck ridotta, G rappresenta la costante gravitazionale e c è la velocità della luce. Si può immaginare lo spazio universale composto di bolle molto piccole, che sono collegate. In uno spaziotempo tridimensionale t è misurato con gli orologi. Il tempo è solo l'ordine numerico e la durata di cambiamento, che è solo una quantità matematica. Non nego l'esistenza del tempo, ho semplicemente attribuito al "tempo" un nuovo significato: il tempo non è la quarta dimensione dello spazio in cui avvengono i cambiamenti, il tempo è solo una sequenza matematica di cambiamenti che stanno avvenendo all'interno dello spazio tridimensionale dell'universo. Qui di seguito vediamo l'unità fondamentale di tempo che è noto come tempo di Planck t_p:

$$t_p = \sqrt{\frac{\hbar G}{c^5}}.$$

Per chiarire ulteriormente questo concetto, un fotone si muove attraverso il solo spazio, non attraverso lo spazio-tempo. La più piccola distanza che il fotone può percorrere è la distanza di Planck l_p:

$$l_p = \sqrt{\frac{\hbar G}{c^3}}.$$

Ogni distanza di Planck l_p che il fotone sta attraversando alla velocità della luce c corrisponde a esattamente un tempo di Planck t_p:

$$c = \frac{l_{px}}{t_{px}}.$$

Il tempo misurato t è la somma di tutti i tempi di Planck t_p:

$$t = t_{p_1} + t_{p_2} \ldots + t_{pn} = \sum_{X=1}^{n} t_{px}.$$

Questa nuova concezione del tempo amplia l'orizzonte percettivo della Relatività. Essa descrive correttamente il tipo di fenomeni che il modello dello spazio-tempo non è riuscito a includere nel suo quadro. Preso in questo nuovo contesto, il tempo diventa una grandezza matematica che esiste nell'universo, indipendentemente dai fisici e le loro misurazioni. Alcuni fisici come il fisico americano Max Tegmark, hanno postulato che la matematica esista nell'universo indipendentemente dalla mente umana. In definitiva, tale pensiero allarga davvero gli orizzonti della fisica, dal momento che presuppone l'esistenza di un "universo matematico" che non si basa sulla materia o l'energia. Oggi, la fisica riconosce che la materia e l'energia sono le uniche possibili forme nell'universo. Ho sviluppato un modello in cui il tempo non è materia, né energia, ma esiste certamente come quantità all'interno dell'universo matematico. Per i fisici e anche per chi non lo è, questo è una nuova idea, perché ci hanno insegnato la famosa formula di Einstein $E=mc^2$, nonché le sue implicazioni, che tutto ciò che esiste è una forma di energia. Inoltre, tutta la materia può essere convertita in energia e viceversa. Naturalmente, in questo contesto quando si parla di "energia", ci riferiamo sia all'intero spettro di radiazione elettromagnetica che all'energia che manifesta la totalità dello spazio universale. La fisica attuale si basa su una logica bivalente: un fenomeno può essere A (materia) o B (energia). La logica trivalente, che è stata sviluppata nel secolo scorso dal matematico polacco Jan Lukasiewicz, permette che una cosa possa essere A, B o addirittura C. Un universo matematico è un fenomeno che fa parte di quelli di tipo "C" in logica trivalente. Il modello superato dello spazio-tempo in cui il tempo funziona come 4a dimensione dello spazio e l'arena fondamentale dell'universo, è basato su una errata interpretazione del modello matematico dello spazio-tempo di Minkowski. Io propongo che l'"arena di base" dell'universo sia uno spazio universale tridimensionale e granulare, composto da unità fondamentali di spazio chiamato "Volume di Planck". Questo modello è basato sulle costanti fisiche fondamentali della Massa di Planck , lunghezza di Planck, volume di Planck e costante di Planck, che sono tutte derivate da dati sperimentali e sono dunque le proprietà di base dell'universo . Le costanti fisiche fondamentali sono i cardini su cui possiamo costruire un nuovo orizzonte nella fisica.

2 . Un'indagine critica sul bosone di Higgs e sul gravitone

Per capire veramente come funziona l'universo, si ha realmente bisogno di avere una chiara comprensione di cosa sia la massa. Sappiamo che nella vita di tutti i giorni la massa di un oggetto viene misurato con delle scale. In fisica tuttavia, la massa è un po' diversa. Capire la massa in fisica è un po' più difficile da affrontare ed è più complesso che nella vita di tutti i giorni. Il modello standard tenta di descrivere le quattro forze elementari dell'universo con una varietà di particelle elementari. Per esempio il gravitone è una particella ipotetica che ora supponiamo essere il vettore della forza gravitazionale, ma è ancora da scoprire ad oggi.

La particella Bosone di Higgs è un'altra particella di cui stiamo ancora imparando moltissimo. Si è teorizzato che la particella Bosone di Higgs sia responsabile per la massa delle singole particelle, però, come si dice, la giuria è ancora indecisa e i pareri variano all'interno della fisica riguardo a questa ipotesi. Il grande punto debole per quanto riguarda la Teoria del Bosone di Higgs è "chi" o forse dovremmo dire "cosa", crea la massa del Bosone di Higgs stesso. Questa domanda non è stata ancora completamente risolta. Non è chiaro anche come le particelle Bosone di Higgs interagiscano con i fotoni.

In fisica, ci sono davvero solo due concetti di massa. Il primo concetto è "massa inerziale ". Questa è l'idea che una particolare particella o corpo materiale abbia una qualità della stabilità che permane bloccata in un determinato luogo. Se si desidera spostare una massa devi spingere e usare una certa forza. D'altra parte, questa stessa "massa inerziale" significherà che quando il corpo è in movimento, avrà la tendenza a continuare a muoversi in avanti. Se lo si vuole fermare, avrete ovviamente bisogno di una resistenza commisurata adatta a quel particolare volume di massa. Il secondo concetto di massa nella fisica è "la massa gravitazionale". Questa è la massa che genera attorno ad un corpo particolare, la forza gravitazionale che poi attrarrà corpi circostanti. Gli esperimenti hanno dimostrato che la massa inerziale e gravitazionale delle particelle o corpi materiali sono esattamente equivalenti, tuttavia, la loro origine rimane sconosciuta. Qui, nei mie postulati ho fatto un passo ulteriore, ho sviluppato un modello in cui sia la massa che la gravità provengono dalla densità di energia dello spazio universale. Lontano dai corpi celesti, la densità di energia dello spazio universale ρ è al massimo:

$$\rho = \frac{m_p \cdot c^2}{l_p^3},$$

dove la massa m_ps è la massa di Planck, l_p^3 è il volume di Planck e c è la velocità della luce.

Al centro del corpo celeste, la densità di energia è ridotta dal valore, che corrisponde alla dimensione, della massa del corpo celeste:

$$\rho_m = \rho - \frac{m \cdot c^2}{V},$$

dove m è la massa e v è il volume di un oggetto stellare. Lo spazio circostante più denso, fa pressione sullo spazio diluito in cui si trova il corpo, così creando la sua "inerzia".

Quando due o più corpi si riuniscono, questo crea una zona di bassa densità di spazio.

Lo spazio esterno che è di maggiore densità quindi esercita pressione contro la spazio occupato dai corpi celesti. Questa pressione proveniente dal più denso spazio esterno verso lo spazio meno denso, viene quindi trasmessa indirettamente sui corpi celesti. Questi sono spinti uno verso l'altro. Questo crea la forza che chiamiamo "gravità".

Quindi, in realtà, i due corpi non sono attratti l'uno all'altro direttamente. La gravità è in realtà creata indirettamente dalle stesse masse dei corpi, per riduzione della densità dello spazio e quindi attirando questa pressione verso di loro dallo spazio esterno più denso. Lo spazio ambientale di un corpo è indissolubilmente legato con lo spazio ambientale di un altro corpo. I corpi interagiscono tra loro indirettamente attraverso il mezzo dello spazio in cui coesistono.

Secondo il mio parere le astronavi antigravitazionali non sono solo fantascienza. Le tecnologie antigravitazionali aumentano o diminuiscono la densità di energia dello spazio. Con l'aumento della densità di energia dello spazio accade che la nave spaziale non è più spinta verso l'oggetto stellare dal lato dello spazio esterno. Al contrario è attirata nello spazio esterno. La "bolla" di maggiore densità di energia dello spazio attorno alla navicella ha la tendenza a muoversi verso la zona di spazio con uguale densità di energia. Diminuendo la densità di energia dello spazio, l'astronave si sposterà nella direzione dello spazio con densità di energia inferiore, cioè verso l'oggetto stellare scelto.

2.1. Un equilibrio dinamico permanente dell'Universo

Lo spazio universale è strutturato dai volumi di Planck, che sono la più piccola unità di volume di spazio. È interessante notare che la densità spaziale è al massimo assoluto nello spazio vuoto tra le galassie. Questo è dovuto all'energia ad alta pressione di strutture spaziali nei "raggi cosmici", come vengono chiamati dal fisico americano Michael W.Friedlander. I raggi cosmici prendono poi la forma di particelle elementari e atomi. Nel centro dei buchi neri la densità dello spazio universale è minima dato che la materia si trasforma nuovamente nell'energia dello spazio. Nella circolazione dell'energia universale, il rapporto tra spazio e materia è costante. L'universo è un sistema in equilibrio dinamico continuo.

L'universo è in realtà un essere auto-rinnovante di per sè. Esso non ha un inizio né una fine . L'universo non è stato creato da Dio, l'universo stesso è Dio. La teoria del Big Bang, che presuppone che l'universo sia iniziato da un punto infinitamente piccolo, ha una certa logica incompleta. L'unico modello accettabile della teoria del big bang dell'universo è che in realtà è un universo ciclico che si sta espandendo. La teoria è che ad un certo punto la sua espansione si fermerà. Si è teorizzato che ad un certo punto inizierà a ridursi in un enorme buco nero e quindi in ultima analisi esploderà in un nuovo big bang.

In verità, la teoria del big bang che modella l'universo come avente un diametro finale, semplicemente non ha un solido fondamento. Quando si dice che l'universo ha un diametro finito, state de facto dicendo che l'universo stesso è finito. In realtà, non sappiamo che cosa ci sia oltre i bordi finiti o noti dell'universo. I cosmologi sostengono che lo spazio infinito della geometria euclidea e lo spazio sferico della geometria di Riemann sono equivalenti. Eppure, la nostra logica e l'intuizione ci dicono che lo spazio universale è infinito. In matematica, il concetto di "infinito" non è un concetto metrico. In geometria una distanza infinita più 100 km è ancora una distanza infinita. Il modello di universo infinito si allinea più con il ragionamento umano naturale, perché indica chiaramente il fatto che le dimensioni dell'universo, come può essere compreso dalle facoltà umane, è a tutti gli effetti insondabile. Quando diciamo "l'universo è infinito", questo significa che le dimensioni dell'universo sono al di là del potere della nostra immaginazione e concettualizzazione.

Per comprendere la dinamica complessiva dell'universo, possiamo osservare la parte che è accessibile a noi e da queste osservazioni possiamo concludere che anche il resto dell'universo opera secondo le stesse leggi. Questo punto di vista è più onesto di quello che assume che lo spazio universale sia finito. Come un mio saggio amico Indiano di nome Amin una volta ha spiegato: "L'universo non è un melone". (Ha afferrato l'immagine.)

3. La velocità relativa delle modifiche materialo ha la sua origine nella densità dello spazio

Il periodo tra la fine del 19° secolo e l'inizio del 20° è stato un periodo di riferimento per la fisica. Nel 1887 i fisici americani Michelson e Morley hanno condotto un esperimento che ha dimostrato che la luce non è un'onda di etere. Nel panorama della fisica del 19° secolo è stato ben accettato che lo spazio universale fosse pieno di etere, un mezzo che non ha massa, è in completo riposo ed è presente in tutto l'universo. La luce visibile e l'intero spettro delle radiazioni elettromagnetiche dovevano essere una oscillazione di tale etere . Come risultato dell'esperimento Michelson-Morley la teoria dell'etere è stata completamente e forse ingiustamente scartata. Michelson e Morley stavano semplicemente tentando di dimostrare che la luce non è un'onda di etere. Non è stato dimostrato che l'etere non esisteva affatto. Potrebbe essere che il concetto di etere fosse semplicemente un altro nome per bio-energia cosmica, anch'essa fuori dall'attuale modello scientifico accettato nel mondo.

Dopo la pubblicazione della Teoria della Relatività Speciale, la comunità scientifica è finita per credere che la luce viaggi attraverso lo spazio vuoto. I fisici hanno dimenticato o ignorato che anche lo spazio stesso è un mezzo di energia o tessuto. Così la luce viaggia attraverso una forma di energia; lo spazio. L'idea di Max Planck che lo spazio universale è costituito da piccole unità discrete, non è andata alla ribalta. Con il fisico italiano Davide Fiscaletti, abbiamo "resuscitato" le idee di Max Planck. Abbiamo scelto lo spazio universale tridimensionale come arena naturale di base dell'universo. Questo punto di vista naturale, risolve molti problemi all'interno della fisica . Alcuni li ho già descritti nelle sezioni precedenti, su altri problemi approfondirò qui, oggi.

Uno degli altri problemi che la nostra nuova semplificata vista tridimensionale chiarisce è "il problema dell'azione a distanza" di Einstein, che egli pose nel 1917, un anno dopo la pubblicazione della Teoria della Relatività Generale in cui Einstein ha "geometrizzato la gravità" descrivendola con la geometria sferica del matematico tedesco Riemman. La sua Teoria della Relatività Generale è a dir poco un grande trionfo della fisica. Una descrizione geometrica della gravitazione non ha soddisfatto completamente Einstein. Nonostante il fatto che fosse un pioniere delle "teorie matematiche", aveva un grande senso di coerenza tra modelli matematici e la verità de facto della realtà fisica che un modello descrive. Credo che Einstein avesse una esperienza di coscienza diretta in corso, che lo ispirò nella sua ricerca. La coscienza, tuttavia, sa intuitivamente che la geometria dello spazio cosmico non può creare una forza gravitazionale, una fonte di gravità deve essere un fenomeno fisico concreto. Al fine di rispondere al "funzionamento gravitazionale a distanza", Einstein ha iniziato a pensare all'esistenza del "gravitone", una particella che è simile al fotone e responsabile per il trasferimento della gravità tra corpi materiali. In questo momento, all'inizio del 20° secolo, l'esistenza dei fotoni era già nota e che la materia li emette e assorbe. Si era capito che i fotoni sono portatori di luce, nonché dell'intero spettro della radiazione elettromagnetica. Oggi, il gravitone resta una particella ipotetica che nessuno ha ancora osservato. La sua esistenza è ancora un punto interrogativo per la fisica.

Nel terzo capitolo abbiamo mostrato che la gravità può essere descritta tramite la densità di energia dello spazio universale, che non prevede l'esistenza del gravitone, cioè le onde gravitazionali. I fisici di oggi pensano che le onde gravitazionali si diffondano in tutto lo spazio universale alla velocità della luce. Per 60 anni hanno cercato di individuarle con strumenti molto sensibili senza alcun risultato. Il fisico italiano Angelo Loinger ha dimostrato che l'esistenza delle onde gravitazionali sarebbe in contraddizione con la versione originale della Teoria della Relatività Generale. Detto questo, la maggior parte dei fisici restano scettici sulla posizione di Loinger e avidamente guardano avanti alla scoperta del gravitone. Finora, il gravitone è stato dimostrato in una certa misura, ma solo in modo indiretto, che per quanto riguarda la fisica non è abbastanza in linea con il metodo scientifico empirico. L'esistenza della particella gravitone come fenomeno fisico può essere considerata solo quando la si è finalmente osservata direttamente.

Nel 1974, il fisico americano J.H. Taylor, insieme al suo gruppo di ricerca, ha osservato una stella di neutroni binaria chiamata PSR 19.16 +16. Hanno notato che la velocità di rotazione di stelle binarie attorno ai loro assi diminuisce nel tempo. Questa è una osservazione e un risultato affascinante, ma ancora la loro interpretazione dei dati era discutibile. Hanno attribuito la diminuzione della velocità di rotazione ad una riduzione delle masse delle stelle binarie. Credo che questa interpretazione sia viziata a causa del difetto nel metodo procedurale utilizzato in cui le masse ridotte sono state considerate come dovute a radiazione gravitazionale. Questo non è mai stato confermato sperimentalmente. Io e Fiscaletti abbiamo un'idea completamente diversa: in generale, le dimensioni delle stelle binarie è vicina alla dimensione dei buchi neri. E 'possibile che come nel centro dei buchi neri, al centro di una stella binaria, la materia si trasforma in energia dello spazio universale. In questa teoria il problema di conversione provoca una riduzione della massa delle stelle binarie, riducendo la loro velocità di rotazione.

Il modello dello spazio-tempo come arena di base dell'universo, certamente non sarà mai in grado di descrivere tutte le scoperte nel campo della fisica, perché è solo una teoria matematica e non una teoria fisica. Penso che, se Einstein prima della sua pubblicazione della Teoria della Relatività Speciale nel 1905, avesse chiacchierato con Max Planck e discusso le relazioni tra la Teoria della Relatività e l'idea di Planck della struttura granulare dello spazio, sarebbero probabilmente giunti alla conclusione che la velocità relativa dei fenomeni fisici dipende dalla densità granulare dello spazio universale .

Nell'universo ci sono tre diversi tipi di energia: l'energia dello spazio (E_s), l'energia della materia (E_m) e l'energia elettromagnetica (E_{el}). Con Fiscaletti, sto costruendo un modello cosmologico dell'**u**niverso che è in **d**inamico **e**quilibrio (modello cosmologico **UDE**) in cui l'energia oscura è l'energia dello spazio. In fisica l'energia di ogni sistema deve avere una omogenea distribuzione. Ciò significa che la quantità totale di energia in un dato volume di spazio universale è costante. E sempre nella seguente proporzione $E_s+E_m+E_{el}=K$. Pertanto, ne consegue che dove la materia è presente, la densità di energia dello spazio è diminuita e viceversa. All'interno di questo quadro dell'universo, la velocità dei fenomeni fisici dipenderà dalla densità di energia dello spazio universale e sarà ridotta a causa della presenza di enormi corpi celesti. Corrispondentemente, minore è la densità di energia dello spazio universale e minore è la velocità dei fenomeni fisici.

Inoltre, le radiazioni elettromagnetiche possono ridurre la densità di energia dello spazio universale. Anche se un fotone è una particella senza massa, anch'esso riduce la densità di energia dello spazio universale per la sua energia cinetica. Questo problema è un'altra area non ancora integrata nel quadro attuale della teoria del bosone di Higgs.

4 . L'universo matematico è un mezzo di entanglement quantistico

Lo spazio universale dove il tempo è solo una sequenza matematica di movimento, spiega elegantemente il famoso esperimento di "Einstein-Podolski-Rozen" (conosciuto come "esperimento EPR "). I tre scienziati stavano lavorando insieme, all'inizio del 20 ° secolo. Hanno assunto che le particelle quantistiche fossero interconnesse in un modo che permette loro di accedere alle informazioni istantanee. Nel secolo scorso, la validità dell'esperimento EPR è stata spesso testata e dimostrata e ne è stata stabilita la realtà. Ad esempio, se si prendono due particelle, che sono prima insieme e poi vengono inviate in direzioni diverse. La distanza tra le particelle aumenta e poi quando si misura lo spin della prima particella risulterà verso "destra" e lo spin della seconda particella sarà verso "sinistra". Secondo la Teoria della Relatività Speciale, la velocità della luce è la velocità massima con cui le informazioni possono viaggiare . Eppure nell'esperimento EPR il trasferimento di informazioni è istantaneo, così la tradizionale Teoria della Relatività Speciale non può spiegarlo.

Nel modello dell'universo che ho sviluppato con Fiscaletti, l' "universo matematico" stesso è il mezzo diretto delle informazioni tra le particelle. L'universo matematico semplicemente "sa" della rotazione della prima particella e quindi informa immediatamente l'altra particella su come ruotare. Inoltre, il classico esperimento EPR mostra che l'universo ha una tendenza verso lo sviluppo di simmetria e armonia come lo spin opposto delle particelle è determinato dalle leggi della simmetria.

Nell'universo matematico il trasferimento di informazioni è istantaneo. Nell'universo materiale, alla scala di fotoni, le informazioni si diffondono alla velocità della luce. È interessante notare che, arrivati alla scala degli atomi e delle molecole, la velocità delle informazioni sarà sempre inferiore alla velocità della luce. Dobbiamo tenere a mente che la coscienza non è informazione. La coscienza si manifesta e agisce attraverso l'universo matematico e il DNA giù nel livello del mondo materiale. In questo contesto, il processo del pensiero umano non è un "fenomeno di energia", portato dalle onde elettromagnetiche come molti immaginano. Il pensiero è piuttosto un fenomeno che appartiene al regno dell'"universo matematico". Quando un pensiero sorge nella mente, è immediatamente presente in tutto l'universo.

Pertanto, il pensiero ha un potere enorme. Ogni pensiero impregna l'intero universo. Con i pensieri e la potente visualizzazione è possibile eliminare alcuni problemi fisici nel corpo, è possibile "creare" la propria vita. Quando la mente è collegata con la coscienza, vengono creati pensieri armoniosi. Quando la mente è soggetta al proprio egoismo, vengono creati pensieri distruttivi. Le emozioni sono un fenomeno reale "energetico/materiale", legato alla secrezione di ormoni nella fisiologia umana.

Le emozioni hanno il potere di creare certi pensieri, mentre i pensieri generano sempre certi sentimenti. Ad esempio, la tristezza viene da pensieri distruttivi e, viceversa, la vostra felicità nasce dei vostri pensieri più creativi. La telepatia avviene tramite un universo matematico tra due o più menti. Utilizzando il veicolo dell'intuizione, si può viaggiare attraverso il mezzo dell'universo matematico e ottenere informazioni sulla condizione psico-fisica di un altro uomo o qualche situazione là fuori nel mondo materiale. Persone formate sono in grado di vedere cosa sta succedendo dall'altra parte del pianeta o anche su altro pianeta. Alcuni sostengono di essere in grado di percepire attraverso la telepatia ciò che sta accadendo in altri sistemi solari.

Mentre l'universo materiale è tridimensionale, l'universo matematico è multi-dimensionale. In matematica possiamo anche avere uno spazio con un numero infinito di dimensioni. Quando i matematici hanno iniziato a scoprire gli spazi multidimensionali, alcuni fisici pensavano che si applicasse anche per il mondo materiale. Non hanno capito che la matematica non è né energia né materia. Si tratta piuttosto di un fenomeno che esiste oltre l'universo materiale. La matematica non è un prodotto dei processi neurali nel cervello che sono materiali e tridimensionali. Se così fosse, i matematici potrebbero sviluppare solo tre modelli di uno spazio tridimensionale. Gli scrittori futuristici hanno cercato di postulare una realtà di "mondi paralleli" dove i mondi dovrebbero e/o potrebbero essere paralleli al nostro universo. Hanno immaginato che ci potesse essere al fianco nostro universo un altro universo, in un'altra dimensione, che non possiamo osservare direttamente a causa dello scisma dimensionale. Tali riflessioni sono il risultato di una fondamentale mancanza di comprensione sulla vera natura dell'universo materiale, che è tridimensionale e non tollera l'esistenza di universi paralleli.

5 . Unificazione della "doppia natura" della luce

Il nostro modello di universo dà una nuova comprensione della natura duale della luce. La luce è un po' come un camaleonte, a volte si comporta come una particella e a volte si comporta come un'onda. Questa doppia natura della luce originariamente doveva essere il risultato della modalità di osservazione, cioè, in particolare, quando la si guarda come un'onda, si comporta come un'onda, quando viene osservata come una particella si comporta come un particella. Nella nostra visione, il fotone è allo stesso tempo sia una particella che un'onda. Un fotone è trasmesso da un elettrone nella sua transizione da uno stato energetico inferiore ad uno superiore. Ad esempio, quando il ferro viene riscaldato comincia a brillare, che è la manifestazione del rilascio di fotoni. I fotoni si propagano in tutte le direzioni e viaggiano nello spazio. Il movimento del fotone crea onde nello spazio in modo simile a una nave quando viaggia attraverso il mare. Tuttavia, nel caso del fotone, la "nave" non può essere considerata separatamente dall'"onda del mare". Questa è la legge mancante della meccanica quantistica: "le particelle elementari e lo spazio in cui si muovono sono una unica realtà fisica", sono un unico grande tessuto.

La natura di questa natura simultanea particella/onda del fotone è confermata dall'esperimento della doppia fenditura. Nell'immagine qui sotto potete vedere che i fotoni hanno il loro punto di origine (marcato "a" nella figura sottostante). Dall'origine, se trasmettiamo i fotoni uno per uno, viaggeranno attraverso la fessura di sinistra e destra, alternativamente (contrassegnate con " b" e " c" nella figura sottostante), questo crea sullo schermo un significativo modello di interferenza (contrassegnata con "F" nella figura). Quando i fotoni viaggiano soltanto attraverso la fessura di sinistra b, otteniamo la stessa figura di interferenza, perché le onde di spazio create spostando i fotoni sono andate anche attraverso la fessura c. I fisici non hanno ancora definitivamente spiegato questo fenomeno. L'esperimento ci insegna che le onde di spazio sono create dal movimento del singolo fotone e che viaggieranno sempre attraverso entrambe le fenditure.

La frequenza della luce è associata con il movimento della sorgente luminosa e dell'osservatore e con un consumo di energia che il fotone utilizza per il movimento. Quando una sorgente luminosa si allontana dall'osservatore, la luce riduce la propria frequenza. Questo è quello che viene chiamato "spostamento verso il rosso". Negli anni sessanta del XX° secolo questo "spostamento verso il rosso" è stato considerato la prova principale dell'espansione dell'universo. Oggi è accettato in astronomia che circa il sessanta per cento dello "spostamento verso il rosso" è dovuto ad un forte campo gravitazionale attraverso cui la luce si muove . Così , i fotoni che provengono da galassie lontane hanno energia ridotta, perché l'energia è spesa in per sfuggire dai forti campi gravitazionali di altre galassie. Quest'ultima interpretazione dello "spostamento verso il rosso" ha contribuito alla riduzione di popolarità delle idee sull'espansione dell'universo, che negli ultimi anni ha visto sempre meno difensori. Di maggiore prevalenza in questi giorni è un modello di un universo dinamico senza inizio e fine, in cui, non vi è alcuna necessità di un "creatore", in quanto è un sistema "increato" che si trova in equilibrio dinamico.

6. Nuovi orizzonti della Teoria della Relatività: un osservatore cosciente è un sistema di riferimento a riposo assoluto

Nel campo della fisica, l'osservatore è parte integrante dell'esperimento. Parlando di esperienza personale e delle esperienze personali di molte altre persone che praticano la meditazione, posso aggiungere che la coscienza ha la funzione di osservazione. In verità, in sostanza l'osservatore è la coscienza stessa. La stessa coscienza sta guardando il mondo attraverso il veicolo dei sensi di singoli uomini. La maggior parte delle persone stanno vivendo il mondo legare e confinate nel campo limitato delle loro menti. La coscienza, d'altra parte, funziona solo come un osservatore che non può vedere la propria origine. Quando vi svegliate nella vera coscienza, si riconosce che l'"osservatore" è una pura funzione della coscienza. Purtroppo, non abbiamo alcuna prova esperienziale in termini di metodologia classica per sostenere questa affermazione, perché l'osservazione e l'esperienza della coscienza sono entrambi fenomeni soggettivi. E interessante notare però, che migliaia di persone hanno avuto l'esperienza che l'osservatore sia la coscienza stessa. Sento che l'esperienza personale di tante persone abbia una propria credibilità intrinseca.

Facciamo un esperimento breve ma convincente: date un'occhiata al palmo della vostra mano. Sapete che questo è il palmo della vostra mano, senza doverci nemmeno pensare. La coscienza sta guardando il vostro palmo e sa che appartiene al vostro corpo. Chiudete gli occhi e la mente può creare un'immagine del palmo della vostra mano. La coscienza può anche essere consapevole di questa immagine creata con l'occhio della mente. La vostra mente può creare determinati tipi di contenuto sul palmo della mano in questo momento presente, per esempio: "Ho una palmo dalla forma molto bella." La coscienza è altrettanto consapevole delle impressioni della realtà fisica così come di questo tipo di formazioni di pensiero. Le nostre menti stanno cambiando. Le nostre sensazioni stanno cambiando. Eppure la coscienza che li vede rimane sempre immutabilmente la stessa. La coscienza non fa parte del mondo che cambia. Si tratta di un momento particolarmente bello quando la coscienza è finalmente in grado di osservare e realizzare se stessa. Quanto più si è consapevoli del proprio corpo e della mente, tanto più si diventa la coscienza stessa. Con l'inizio dell'esplorazione soggettiva della coscienza, la fisica inizierà a utilizzare la coscienza come strumento di ricerca per discernere l'adeguatezza dei modelli scientifici nel mondo. Le conoscenze acquisite in università saranno arricchite con l'auto-riflessione, che permette lo sviluppo pacifico della società umana in conformità con le leggi cosmiche.

L'esperienza personale che la coscienza è l'osservatore, che osserva il mondo attraverso il veicolo dei sensi e della mente umana, è una realizzazione spettacolare. L'osservatore consapevole sperimenta il mondo, direttamente al di fuori del quadro del tempo psicologico del "prima-ora-allora". Per l'osservatore cosciente, i cambiamenti avvengono nell'"eterno ora" o come direbbe Albert Einstein: ORA. Un osservatore cosciente è presente in ogni punto dello spazio. Quando il nostro corpo si muove, l'osservatore cosciente rimane il punto fermo. Un osservatore cosciente è l'unico sistema di riferimento nell'universo che non si muove e non cambia, è in assoluto riposo. Questa presa di coscienza dà dimensione aggiuntiva ed eleganza alla Teoria della Relatività. Il punto di partenza della fisica e la sua ricerca sta nel tempo diventando un punto che coinvolge l'osservatore/coscienza. Egli osserva l'universo, egli sovrintende la mente che costruisce modelli del mondo, egli esamina l'adeguatezza dei modelli con il mondo fisico. L'osservatore/coscienza è la stessa in ogni fisico e sta dando alla fisica un altro livello di obiettività e la possibilità di essere una vera "scienza oggettiva", che esiste indipendentemente dalla mente umana.

"L'esperienza soggettiva " si tinge di personalità, i pensieri e le emozioni della mente della persona, mentre, "l'esperienza oggettiva" è l'esperienza della coscienza stessa, che è indipendente dalla mente. Detto in un altro modo, "oggettivo" è ciò che sperimentiamo quando siamo radicati nella coscienza dell'osservatore cosciente. La scienza nel 21° secolo è destinato a sviluppare una spiritualità esperienziale sgombra da ogni convenzione religiosa e storica, una spiritualità che si basa sull'esperienza diretta della coscienza

6.1. Un osservatore cosciente permette profonda comprensione della relatività

Ancora oggi, alcune parti della Teoria della Relatività Speciale non sono pienamente comprese se guardate dal punto di vista dell'osservatore cosciente. Un classico esempio di questo in fisica confronta e contrappone come per un osservatore sulla piattaforma della stazione ferroviaria, il tempo sembri correre più veloce di quanto non faccia su un orologio che si muove su un treno in corsa. L'illustrazione di seguito può essere comunemente trovata nei libri di testo di fisica, illustra come l'osservatore presso la stazione veda l'orologio sollevato verticalmente sul treno.

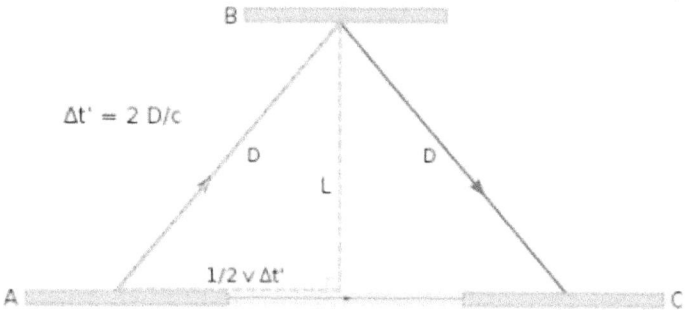

Qui vediamo i fotoni in movimento tra due specchi. Per un osservatore sulla stazione ciò che si vede sono i fotoni che si muovono a zig-zag. Questo è vero e questo particolare punto non è in discussione. In tutti i libri di testo, la fisica mostra che per l'osservatore alla stazione, la frequenza del clock del treno è più lenta di quanto non sia per l'osservatore all'interno del vagone. Viene insegnato che questo avviene perchè l'osservatore che rimane sulla stazione in realtà vede un percorso più lungo dei fotoni di quanto lo sia per l'osservatore in piedi accanto all'orologio. Tuttavia, la fisica ha ampiamente ignorato il fatto che il percorso più lungo del fotone è in realtà solo un'illusione ottica dovuta al movimento dell'orologio fotone e non può avere di per sè alcuna influenza sulla velocità effettiva dell'orologio. In verità e realtà, la velocità dell'orologio fotone è la stessa per entrambi gli osservatori.

Per ampliare ulteriormente questo concetto, consideriamo quanto segue. Supponiamo che l'osservatore sulla stazione abbia un orologio fotone disposto verticalmente. L'orologio fotone sul treno avrà velocità inferiore per entrambi gli osservatori, ma questo è a causa della diminuita densità di energia dello spazio causata dall'energia cinetica del treno. Questa riduzione della densità di energia dello spazio universale dovuta all'energia cinetica del treno, quando confrontata con una riduzione dovuta alla massa del pianeta Terra, è in realtà così piccola che si presume all'interno della Teoria della Relatività Speciale che la velocità della luce sia una costante in tutti i sistemi in movimento e che entrambi di orologi abbiano la stessa velocità per entrambi gli osservatori.

In un altro esempio che coinvolge la Teoria della Relatività Speciale, c'è anche una carenza di chiarezza in merito alla velocità degli orologi atomici per il primo osservatore. In questo esempio c'è un osservatore (1) alla stazione e un altro osservatore (2) nel treno in movimento. L'osservatore (1) è alla stazione e guarda un preciso orologio atomico e l'osservatore (2) è all'interno di un treno e guarda lo stesso preciso orologio atomico. In questo caso, la Teoria della Relatività Speciale dice che ci sono in realtà quattro tempi: due tempi coordinata (tempo come quarta dimensione dello spazio), X4 e X4' e due tempi t e t', che determinano la velocità degli orologi. I tempi coordinata, X4 e X4' si applicano a entrambi gli osservatori, i tempi t e t' dovrebbero applicarsi solo all'osservatore individuale. Il tempo t è valido solo per l'osservatore 1 ed il tempo t' è valido solo per l'osservatore 2. Questo non sembra corretto, tuttavia, le velocità di entrambi gli orologi sono validi per entrambi gli osservatori e questo è stato confermato tramite sistemi GPS. A causa della distanza dalla Terra, la densità di energia dello spazio è in aumento e viene calcolato dal satellite GPS con il seguente formalismo:

$$\rho_m = \rho - \frac{m \cdot c^2}{V + V_1}$$

dove V è il volume della Terra stellare, V_1 è il volume della sfera con raggio d, che è la distanza del satellite dal centro della terra. Gli orologi che funzionano con i satelliti GPS funzionano ad una velocità maggiore degli orologi sulla superficie della Terra, a causa della maggiore densità di spazio. Questo si mostra come una discrepanza di 45 microsecondi al giorno, tra gli orologi guidati dal GPS e gli orologi legati alla terra. A causa del moto satellite in riferimento alla superficie della terra, gli orologi sul satellite vanno ad un ritmo più lento di 7 microsecondi al giorno. La densità dello spazio sul satellite è inferiore a causa del suo movimento, secondo il seguente formalismo:

$$\rho_m = \rho - \frac{m_s c^2 + m_s \cdot v^2}{V}$$

dove m_s è la massa del satellite, v è la velocità del satellite rispetto alla superficie della Terra e V è il volume del satellite. La somma finale della differenza tra le velocità degli orologi è di 38 microsecondi al giorno. Questi fatti si applicano a tutti gli osservatori nei satelliti, aerei, treni e automobili. Se usiamo la coscienza come strumento di ricerca ci rendiamo conto che il treno si muove nello spazio e sappiamo che il tempo è solo la sequenza numerica del "ticchettio" dell'orologio e che, inoltre, questo fenomeno vale anche per tutti gli osservatori. L'osservatore in movimento cresce più lentamente dell'osservatore stazionario. Il guaio è che nessuno di loro in realtà diviene sempre più vecchio nel tempo, ma anzi, stanno invecchiando nello spazio. Quindi, di nuovo, la velocità di invecchiamento dell'osservatore in movimento è inferiore alla velocità di invecchiamento dell'osservatore fermo. Tale è la nostra interpretazione della Teoria della Relatività Speciale. All'interno della quale, l'introduzione della densità dello spazio universale diventa una teoria fisica e viene pulita dall'inutile formalismo matematico della quarta dimensione. Questa rinnovata Relatività Speciale può essere descritta in uno spazio euclideo tridimensionale. La comprensione di Lorentz viene così sostituita con una vecchia comprensione Galileiana. Il tempo è misurato con gli orologi ed è solo una quantità matematica. Per calcolare la diversa velocità degli orologi è meglio usare il formalismo del fisico italiano Franco Selleri:

$$t' = \sqrt{1 - \frac{v^2}{c^2}} * t$$

Newton credeva che il tempo passasse alla stessa velocità in tutto l'universo. In questo pensiero stava ovviamente considerando solo la velocità dei fenomeni fisici. Ma ricordate, nella fisica di Newton, il tempo non è considerato una quantità fisica in cui i cambiamenti si verificano. E nella fisica di Einstein che il tempo è diventato una grandezza fisica in cui avvengono fenomeni fisici. Questo è, a mio parere, nel complesso il più grande difetto fondamentale della fisica di oggi.

6.2. Con la Teoria della Relatività la matematica ha prevalso la fisica

L'osservatore cosciente è consapevole della differenza tra il mondo fisico e un modello scientifico di esso. Egli è in grado di vedere il livello di conformità tra il modello e il mondo reale. Prenderemo in esame l'uso della coscienza come strumento di ricerca scientifica nel caso della Teoria della Relatività di Einstein. L'osservatore consapevole vede che la teoria speciale della relatività non è una "teoria fisica", ma piuttosto una "teoria matematica". La teoria della gravità di Newton, per esempio, è una teoria fisica, in quanto tutti gli elementi che compaiono nella formula della gravità sono misurati nel mondo fisico: la forza gravitazionale F tra due masse è uguale al prodotto delle due masse m1 e m2 e la costante gravitazionale G, diviso per il quadrato della distanza r tra i centri delle due masse.

Nella Teoria della Relatività Speciale la quarta dimensione X4=ict è un prodotto del tempo t , della velocità della luce (c) e di un numero immaginario i, dove i è il quadrato meno 1 . Nessuno sa esattamente cosa sia la quarta dimensione nel mondo fisico. La maggior parte dei fisici semplicemente credono nella sua esistenza fisica, in fisica , la "fede" non è sufficiente. È necessario che ogni affermazione sia confermata sperimentalmente. Nel rapporto tra la teoria speciale della relatività e il mondo fisico non c'è "adeguata connessione", dove ogni elemento della teoria corrisponde all'esatto elemento nel mondo fisico, come si vede nella teoria della gravità di Newton. La Teoria della Relatività Speciale, che Einstein pubblicò nel 1905, ha evidenziato che la velocità degli orologi è minore in volo rapido, rispetto a quanto sarebbe sulla superficie della Terra. Negli anni sessanta del secolo scorso questo è stato sperimentalmente dimostrato. In quel momento, la maggior parte dei fisici pensavano che gli orologi andassero più lentamente, perché credevano che la quarta dimensione dello spazio in cui gli aerei volavano , si restringesse. Nessuno ha ancora completamente spiegato come la contrazione del tempo come quarta dimensione dello spazio, influenzi i meccanismi degli orologi. Ho sviluppato la mia "teoria fisica" della Relatività Speciale, dove "la velocità relativa degli orologi" dipende dalla densità di energia dello spazio universale tridimensionale. Se l'aereo si muove attraverso lo spazio universale e non attraverso lo spazio-tempo quadridimensionale, l'energia cinetica del velivolo, che è risultato del movimento, riduce la densità di energia del tessuto dello spazio universale, causando una conseguente riduzione della velocità dei meccanismi degli orologi e di tutti gli altri fenomeni fisici nell'aereo.

La Teoria della Relatività Speciale ha altri inconvenienti per l'osservatore cosciente. Il primo inconveniente è la contrazione prevista degli oggetti nella direzione di movimento, che porta ad una contraddizione. Supponiamo che abbiamo in aereo due orologi fotoni. Il primo è orizzontale nella direzione di volo, mentre l'altro è posizionato verticalmente. I fotoni viaggiano tra i due specchi, un percorso dei fotoni significa un "tick" dell'orologio. A causa della contrazione nella direzione del volo, l'orologio orizzontale si restringerebbe e correrebbe più veloce dell'orologio verticale che non subirebbe contrazione. La Teoria della Relatività Speciale presume che tutti gli orologi di un aereo vadano con la stessa velocità. È la contrazione degli oggetti in direzione del movimento che porta alla contraddizione.

6.3. La diminuzione della densità di energia di spazio diminuisce la velocità della luce

Nel "modello fisico" della Relatività Speciale non c'è contrazione di lunghezza. L'orologio fotone posto orizzontalmente ha la stessa velocità del fotone orologio posizionato verticalmente. Poiché l'energia cinetica del velivolo riduce ulteriormente la densità di energia dello spazio universale, entrambi gli orologi fotone saranno un po' più lenti. La riduzione è comunque trascurabile, lo stato di velocità costante della luce è conservato. Un esperimento dell'astrofisico americano Irwin Shapiro ha dimostrato che quando la luce viaggia attraverso lo spazio con una ridotta densità di energia, la sua velocità si riduce leggermente. Nel 1964 Shapiro ha misurato la riduzione della velocità della luce, quando viaggia tra i pianeti Terra, Mercurio e Venere. Tra i pianeti la densità di energia dello spazio è minore di quella nello spazio interstellare. La densità di energia ridotta dello spazio a causa dell'energia cinetica del velivolo e la ridotta densità di energia che è risultato della gravità, collega la Relatività Speciale e la Relatività Generale e questo illumina ulteriormente l'uguaglianza relazionale tra massa inerziale e massa gravitazionale.

Ogni anno il pianeta Mercurio guadagna nella sua orbita intorno al Sole. La fisica di Newton non è riuscita a descrivere perché questo accade. Ogni anno viaggia sul confine un pò più distante di quanto previsto dalla teoria di Newton. Abbiamo misurato questo e sappiamo che è stato superato (conosciuto come "precessione") nella sua orbita per gli ultimi 100 anni di osservazione. Questo concetto di precessione è effettivamente valido per tutti i pianeti, ma più ci allontaniamo dal Sole, più il fenomeno della precessione diminuisce. Perché questo? Einstein fu in grado di descrivere accuratamente la precessione di tutti i pianeti con una serie di equazioni della Relatività Generale. Io, con il mio collega Fiscaletti, ho raggiunto risultati identici con le equazioni che descrivono la precessione come conseguenza del movimento dello spazio universale intorno al sole. Lo spazio universale attorno al Sole è come un corpo esteso del Sole e ruota con il Sole. La rotazione dello spazio universale quindi "spinge" i pianeti nella direzione del loro movimento e ciò comporta il sorpasso dei pianeti.

6.4. I viaggi temporali sono fuori discussione

Già negli anni Trenta del 20° secolo, Einstein si trasferì dall'Europa a Princeton, New Jersey, in America. Anche Kurt Gödel, il matematico austriaco e il migliore logico del 20° secolo si è recato a Princeton. Gödel e Einstein divennero amici e, naturalmente, hanno discusso molto di fisica. Gödel aveva sviluppato le equazioni della Relatività Generale e si rese conto che in teoria avrebbero consentito i viaggi nel passato. Nell'universo Gödel ci sono "linee temporali chiuse" attraverso cui sarebbe teoricamente possibile fare questi viaggi nel tempo. E tuttavia , se è così , in teoria, qualcuno potrebbe viaggiare nel passato, uccidere la propria nonna e non sarebbe in grado di nascere in futuro, che è ovviamente un'implausibilità. Gödel semplicemente non è ancora compreso dalla maggior parte dei fisici. Tuttavia, i fisici continuano ad utilizzare derivazioni delle sue equazioni come prova che il tempo è una grandezza fisica attraverso la quale è possibile viaggiare nel passato.

Lo scopo ultimo di Gödel era quello di attirare l'attenzione sulla natura contraddittoria del viaggio nel passato. Voleva sviluppare la Teoria della Relatività Generale da teoria solo matematica a teoria fisica. Una teoria fisica non può avere alcuna contraddizione, perché si basa su osservazioni reali del mondo reale, per cui tutti gli elementi chiave che compaiono nelle equazioni sono ottenuti da misurazioni effettive.

Con Fiscaletti, ho costruito un modello dell'universo, dove abbiamo potuto viaggiare solo attraverso lo spazio e il tempo come una sequenza numerica del nostro viaggio. Inoltre, viaggiare nel tempo cade categoricamente fuori dalla mappa concettuale, perché non supporta il semplice fatto che gli oggetti materiali possono esistere e stare in un solo posto e non in due posti nello stesso momento. Supponiamo che perdiamo la partenza delle 6.00 per il treno da Parigi a Berlino. Invece prendiamo un taxi per l'aeroporto e poi voliamo in una navicella spaziale attraverso la linea del tempo di Gödel nel passato per due ore. Poi torniamo all'aeroporto, andiamo a Parigi e guardiamo l'orologio. Ora mostra le 5.30. Serendipicità! Ora abbiamo il tempo per un tè. Tuttavia, anche se facciamo questo viaggio nel passato, il treno originale è rimasto nel suo cammino verso Berlino, ha continuato ancora nella stessa direzione. Così alle 6.00 un treno non sarebbe apparso alla stazione di Parigi, nonostante i nostri sforzi.

Allo stesso modo, è possibile avere una regressione alla vita passata e consapevolmente rivivere un'esperienza in una vita precedente, ma non è possibile modificare gli eventi che sono accaduti. Le nostre vite passate e future stanno accadendo contemporaneamente in un contesto di uno spazio universale senza tempo, qui e ora nell'eternità, dove il tempo è solo una sequenza numerica di cambiamenti.

Il fisico americano Sean Carroll ha scritto un libro "From Eternity to Here", in cui, tra l'altro, dice che non è possibile viaggiare nel futuro, tuttavia è possibile viaggiare indietro nel passato , ma comunque non ci è possibile fare qualcosa per cambiare il passato. Per un "semplice uomo di pensiero", le concettualizzazioni possono essere abbastanza assurde. Carroll era ovviamente carico delle "linee temporali chiuse" di tipo Gödel. In questa idea che sia possibile viaggiare nel passato, ma non possiamo fare nulla per effettuare qualsiasi modifica, tutto diventa ancora più complicato e ancor più contraddittorio. Ho finito per scrivergli una lettera che spiega i miei punti di vista e ho scherzato sul fatto che il suo libro può essere intitolato "L'eternità è qui" , ma che la carne del suo libro non ha dimostrato il punto. Com'era prevedibile, non sembra preoccuparsi di commentare. Come la maggior parte degli esseri umani, i fisici spesso pensano che il loro punto di vista sul mondo sia il più corretto. La pura coscienza, però sa che il dubbio permanente in una teoria è la più grande prova della sua validità.

Le teorie matematiche del 20° secolo sono riuscite a descrivere la maggior parte dei fenomeni fisici che conosciamo, mentre allo stesso tempo hanno diminuito il senso del pensiero realistico dei fisici, che dovrebbe essere legato ad un certo punto con il mondo reale. I fisici oggi pensano al mondo fisico attraverso formule matematiche e modelli. È come se davanti ai loro occhi non percepissero più i fenomeni concreti, ma solo modelli concettuali degli stessi. L'uso della coscienza come strumento di ricerca richiede più "modalità fisica" del pensiero, dove siamo consapevoli sia dei fenomeni fisici che del modello di fenomeno che esso descrive.

Un classico esempio di questo "pensiero matematico" in fisica è, come il fisico inglese Stephen Hawking spiega la teoria del big bang. Nel suo libro "Breve storia del tempo", egli spiega che l'energia della materia nell'universo è positiva, quindi l'energia gravitazionale è negativa (nel contesto di questo libro l'energia gravitazionale è l'energia dello spazio). La somma delle due energie dell'universo è sempre zero, che può essere scritto come: $Em+Eg=0$. Se entrambe queste energie sono presenti nei primi istanti del Big Bang e le moltiplicate, il prodotto rimane zero, come $1+(-1)=0$, $2+(-2)=0$ e così via. Se è vero in matematica, è vero nel fenomeno della vita. Se la somma di due numeri interi adiacenti (uno positivo, uno altrettanto negativo) è pari a zero ... allora vi dico ... l'universo semplicemente non può essere creato dal nulla. Non può derivare da zero. Il prossimo "caso di libro di testo" della fisica matematica, che ha perso il contatto con una realtà fisica, è la nuova cosiddetta "Teoria delle stringhe", che negli ultimi 30 anni di sviluppo non ha prodotto neanche un risultato affidabile, che possa essere confermato dalla fisica sperimentale.

7. L'esplorazione della coscienza richiede una nuova metodologia di ricerca

La teoria quantistica della coscienza non ha senso, perché la coscienza appartiene all'universo immateriale e non è "quantistica" in un senso conosciuto di questa parola. Il tempo fondamentale come ordine numerico di cambiamento appartiene all'universo non materiale, il tempo emergente come durata del cambiamento è il risultato del processo di misurazione svolto dall'osservatore cosciente.

Credo che il tempo, come la coscienza, non abbia esistenza materiale e quindi io sono propenso a modellare l'universo in modo tale che la coscienza stessa determini, attraverso l'universo matematico, la manifestazione dell'universo materiale. In questa visione la struttura dell'universo è composta da tre elementi: la coscienza, l'universo matematico e l'universo materiale. Questi elementi non devono essere considerati in modo gerarchico o in senso verticale, ma piuttosto come un unico tessuto, coesistendo in una manifestazione indivisibile e mescolata.

La scienza ha fatto ricerca sulla coscienza principalmente per quanto riguarda l'esplorazione delle particelle elementari, degli atomi e dei corpi celesti. In primo luogo, creiamo un modello particolare con le nostre menti e poi cerchiamo di verificarne la correttezza e la validità. Tuttavia, i metodi di ricerca classici sono inadeguati per indagini approfondite sulla coscienza stessa, poiché la coscienza non è un fenomeno oggettivo discreto come un elettrone, un atomo o un pianeta.

La coscienza è principalmente un fenomeno soggettivo. Esplorare la coscienza con strumenti scientifici classici è come mangiare la zuppa con una forchetta, rimarrete affamati. Tutte le teorie esistenti della coscienza non possono superare un'ora di osservazione chiara e senziente della mente che li ha create. L'osservazione della mente è una funzione della coscienza. Con una osservazione regolare della mente, che noi chiamiamo anche meditazione, "svegliamo" la coscienza, l'osservatore in noi si evolve in osservatore cosciente.

La ricerca scientifica sincera sulla coscienza richiede una nuova prospettiva. E necessario creare una nuova metodologia per la ricerca della coscienza, un metodo che ci permetterà di sperimentarla direttamente. Quando esploriamo fenomeni oggettivi, sperimentiamo osservazioni del fenomeno attraverso l'intelletto, che sperimenta il mondo solo nel contesto del tempo lineare psicologico "passato-presente-futuro". Un fenomeno viene prima rilevato dai sensi. Poi l'informazione è trasferita dai sensi al cervello, dove viene elaborata dalla mente razionale nell'ambito del tempo psicologico. Segue infine l'esperienza dei fenomeni. Quando si inizia a utilizzare la coscienza come strumento di ricerca in sé e per sé, si diventa consapevoli del campo che è a priori il quadro del tempo psicologico. Sperimentiamo informazioni su particolari fenomeni puramente proprio come arrivano all'interno del mezzo dei nostri sensi.

7.1. Esperienza cosciente ed esperienza razionale

Le esperienze intellettuali sono analitiche, vincolate nel tempo e quantitative per natura. L'esperienza cosciente d'altra parte è senza tempo, qualitativa e mistica, rivela la vera essenza dell'universo che si manifesta in ogni cosa. Fino a poco tempo fa, la fisica in generale ha incasellato l'esperienza cosciente come "non scientifica". I fisici non hanno ancora pienamente compreso che l'esperienza cosciente in vero completa l'esperienza razionale; entrambi questi metodi possono simbioticamente arricchirsi a vicenda. L'esperienza razionale sviluppa la scienza e la tecnologia, mentre l'esperienza cosciente sviluppa auto-riconoscimento e responsabilità verso il prossimo e la natura.

La realizzazione incarnata che non siamo semplicemente mente e corpo, ma anche coscienza, drasticamente e radicalmente altera i propri punti di vista e punti di riferimento. Purtroppo, non basta semplicemente leggere libri su etica, giustizia e pace, eccetera. Questi in sé e per sé non comportano per l'uomo raggiungere la presa di coscienza incarnata e l'esperienza cosciente del mondo, che credo sia l'unico fondamento per un ulteriore sviluppo del genere umano. Un fisico può esplorare il suo universo direttamente ed esperienzialmente utilizzando la coscienza come strumento di ricerca. In ogni fisico la stessa coscienza osserva l'universo matematico e materiale ed è consapevole della differenza tra essi.

L'universo è un organismo in cui la coscienza, l'universo matematico e l'universo materiale sono tre entità indivisibili. Roger Penrose, il fisico inglese, ha concepito la coscienza come semplicemente il risultato della gravità sui neuroni del cervello. Questo modello che vi propongo qui va oltre quella concettualizzazione intracranica e presuppone che la coscienza non si limiti al solo cervello, come presume la maggior parte degli scienziati ufficiali.

La coscienza ha insita in sé una qualità stabile. Se la osservi abbastanza a lungo, ti rendi conto che mentre i pensieri, le emozioni e le situazioni della vita cambiano, la facoltà della consapevolezza cosciente di questi fenomeni, di per sé , non cambia. La coscienza in sé e per sé è immutabile e non è subordinata alle leggi fisiche. Inoltre, la coscienza opera secondo gli stessi principi in tutti gli esseri umani. Dalle nozioni suddette, possiamo plausibilmente fare il salto intellettuale per cui la coscienza non è in realtà una parte della struttura della personalità umana, ma piuttosto, è una forza "sopra e oltre" la personalità umana che penetra verso il basso nella struttura della personalità umana e attivamente lavora attraverso di essa.

Cosciente è colui che è consapevole. E sia il soggetto che l'oggetto della propria consapevolezza di sé stesso. La coscienza non è vincolata da leggi fisiche e quindi è sempre la stessa ed è stabile.

La personalità invece è stabilita nel cervello. Il cervello è materia vivente e mutevole. Eppure, la coscienza non è una forma di "materia" o "energia", come noi di solito pensiamo ad esse. Quando il corpo muore, la mente morirà, ma la coscienza rimarrà invariata. Risvegliare la coscienza è fare un passo oltre la morte e l'eternità, che ci crediate o no, è onnipresente in questo momento in cui stai leggendo queste parole e frasi. Una nozione di coscienza come questa mette fine al vecchio concetto di eternità in cui l'eternità si estende all'infinito nel passato e infinitamente lontano nel futuro. L'eternità, invece, è direttamente sperimentata e compresa all'interno del momento attuale. Il tempo è stato recentemente inteso come una semplice sequenza matematica di eventi sparsi all'interno dell'eternità. Siamo nati nell'eternità. Viviamo nell'eternità. Noi moriamo in questa stessa eternità. Purtroppo, siamo raramente consapevoli di questo aspetto della realtà. Quando correggiamo la nostra comprensione del tempo e ci rendiamo conto che il tempo è solo una sequenza di cambiamenti all'interno dell'eternità, diventa chiaro che l'universo non sta realmente accadendo nei limiti del tempo.

Nel processo di evoluzione dell'uomo, la mente si sviluppa per prima, da questo poi scorre lo sviluppo del pensiero razionale e infine la scoperta finale del campo della coscienza stessa. Credo che per l'uomo di oggi la realizzazione della coscienza sia una necessità evolutiva, che può assicurare un ulteriore suo sviluppo. La ragione governata da rivalità limbica animalesca ed egoismo umano, continuerà a portare l'umanità nel caos. Prendendo in prestito dal linguaggio della fisica, possiamo ipotizzare quanto segue: "L'unica leva per ridurre l'entropia sociale è lo sviluppo sistematico della coscienza di ciascun individuo".

Nessun paese ha ancora direttamente investito nella ricerca sulla coscienza esperienziale. Coloro che sono al potere tendono a vedere solo con "l'occhio della ragione", "l'occhio della coscienza" non è aperto ancora per la maggior parte delle persone, soprattutto non a persone in possesso di potere mondano. E importante tenere a mente che le energie negative di questo piano, su questo pianeta, sono semplicemente dovute a livelli limitati di consapevolezza cosciente. Le persone non sono intrinsecamente "cattive", sono semplicemente limitate nella loro consapevolezza. Le cose brutte e dolorose accadono come conseguenza diretta e nascono da quella stessa consapevolezza limitata. Tutto il male che accade è solo a causa della inconsapevolezza di chi siamo veramente, ovvero creature attraverso le quali la coscienza vuole realizzare la sua verità e natura.

In questa esplorazione della coscienza umana, è importante rimanere consapevoli del fatto che la coscienza funziona già come nostra capacità di essere a conoscenza dei movimenti, delle emozioni, delle formazioni mentali e delle azioni del nostro corpo. La coscienza è sveglia e viva dentro di noi, si assume la responsabilità dei nostri pensieri, dei sentimenti e delle azioni. Essere consapevoli di ciò che si pensa non è sufficiente. E 'un buon punto di partenza, ma è necessario assumersi la piena responsabilità dei nostri pensieri, dei sentimenti e delle azioni. Solo allora una vera e propria trasformazione può accadere e possiamo salire dal fango della nostra "personalità" e fiorire nel loto della "coscienza".

Detto questo, vi avverto però di non creare alcun concetto mentali di coscienza con la fantasia, perché sarà falso e illusorio. La ragione non ha la capacità di fare un vero modello della coscienza. Inizia con una pratica regolare della meditazione: siate consapevoli del vostro movimento, respiro , delle sensazioni e dei pensieri.

Un altro suggerimento, trasformate la vostra dieta in modo che non richieda l'uccisione di animali. Diventate vegetariani. Iniziate a godere di più dei nutrienti dai semi di canapa industriale, delle lenticchie, della soia e di altre piante che contengono proteine. Imparate la respirazione diaframmatica completa. Nella respirazione diaframmatica la prima fase è una espirazione completa, seguita da profonda ispirazione dal diaframma, che continua a gonfiare nel mezzo e nella parte superiore dei polmoni. In questo modo si riceve un sacco di ossigeno e soprattutto un apporto di prana/qi o meglio , "energia cosmica". Si dovrebbe anche praticare ogni giorno un minimo di almeno 30 minuti di esercizio fisico. Trova un esercizio fisico o sport che ti piace, questo è ottimale.

Una pratica davvero fruttuosa è quella di chiedervi sinceramente, almeno una volta al giorno: "Chi sono io" Questa classica domanda agisce come un koan, mettendo la vostra personalità sulla linea nel punto cruciale di luce e di verità. Solo il vostro essere cosciente può, senza dire una parola, dare "risposta" a questa domanda. In realtà arrivare ad una "risposta" non è in definitiva importante. Ciò che è importante è che la vostra coscienza rimanga presente e consapevole del processo nel suo divenire. Non interpretate le impressioni ricevute in questo processo con la mente razionale. Permette ad esso di condurvi alla scoperta della pura consapevolezza della coscienza. Alla fine si vedrà attraverso gli errori del piccolo sé e della sua illusione e vedrete come la vostra personalità sia come il riflesso della luna sul lago , che credete sia vero. Per estendere questa analogia, quando una nube arriva, la luna riflessa è andata. La vera luna nel cielo, tuttavia, rimane. Si può consentire che la nube che oscura la falsa riflessione vi porti alla

Luna autentica che siete?

La mente scientifica occidentale esplora l'universo e la vita solo nel quadro del tempo psicologico lineare. Una sensazione di durata è una conseguenza del nostra sperimentare i cambiamenti nel quadro del tempo psicologico. In fisica, la durata di una determinata variazione entra in esistenza quando viene misurata. Non esiste una durata senza misura fatta dall'osservatore. Per l'osservatore che fa esperienza nel quadro del tempo psicologico, tale durata è "reale", ha una esistenza propria. Per l'osservatore consapevole, che è libero dalla durata psicologica del tempo, è solo un sottoprodotto dell'atto di misurazione, non ha un'esistenza indipendente. I cambiamenti nell'universo, nella natura e nelle nostre vite, hanno semplicemente posto nell'ATTIMO PRESENTE, che è l'eternità stessa. L'osservatore cosciente distingue tra tempo fondamentale, che è un ordine numerico di cambiamento, tempo emergente che è la durata del cambiamento e tempo psicologico che è un modello mentale. La fisica arricchita dall'osservatore consapevole, utilizzerà la coscienza come strumento di ricerca, ma incoraggerà anche lo sviluppo di una scienza della coscienza all'interno della quale saranno bilanciate le indagini sia del mondo materiale che del mondo spirituale.

Nella cultura occidentale, la morte è ancora percepita come il nemico. Non avete più il diritto di morire naturalmente. La medicina ci obbliga a tenerci vivi a tutti i costi a prescindere dalle implicazioni bioetiche. Questo atteggiamento e approccio innaturale e malsano verso la morte è dovuto alla nostra mancanza di esperienza diretta della coscienza. Ci aggrappiamo al nostro corpo, alle nostre residenze carnose, senza sfruttare l'occasione di fronte a noi di lavorare sulla realizzazione spirituale della parte di noi che esiste al di fuori del tempo. Il corpo è dato all'uomo come strumento per il suo sviluppo. E 'attraverso il veicolo del corpo che possiamo riconoscere la coscienza.

Quanto più si diventa consapevoli dei nostri pensieri, delle emozioni e del corpo, più si diventa consapevoli di noi stessi come pura coscienza. Il pieno auto-riconoscimento della coscienza è accaduto a Cristo, Buddha, Bodhidarma, Lao Tzu, Mohamed, Osho, Mooji e molti altri maestri spirituali. Essi sono diventati insegnanti di tutto il mondo. I buddisti chiamano questa situazione di perfetto funzionamento della coscienza attraverso il corpo, "liberazione". Nello stato di completa consapevolezza di sé non c'è più la dualità di "Io-mondo ". La percezione della dualità "Io - mondo" è il risultato del funzionamento della mente limitata ed egoicamente vincolata. La mia speranza è che la Fisica impari ad utilizzare la coscienza come strumento di ricerca e questo a sua volta favorisca lo sviluppo della spiritualità esperienziale su una scala più ampia . Filosofie che parlano di Verità, ma non la raggiungono mai svaniscono nel tempo. L'uso della coscienza come strumento di ricerca integrerà la comprensione del mondo materiale fisico in un unico modello di comprensione contestuale psicologica e spirituale unitaria del mondo.

Mi piacerebbe vedere lo sviluppo sistematico della spiritualità esperienziale nelle scuole e nelle università in tutti i paesi di tutto il mondo. La spiritualità esperienziale si basa sull'idea che la coscienza abbia la capacità di essere consapevole della mente nel suo funzionamento. E importante considerare che ciò a cui pensiamo come "identità nazionale", non è la coscienza, ma piuttosto l'identificazione di un individuo con un gruppo più ampio di persone. Su questo pianeta dovremo andare oltre le scatole mentali religiose, nazionali e culturali e spostarci nell'esperienza della pura coscienza. Qui è dove troveremo la vera fonte di creatività, bellezza, amore e intelligenza.

La scoperta della coscienza ci dà la possibilità di avere sensazioni, pensiero e naturalmente, l'azioni auto- riflessive. In qualsiasi situazione vi troviate, si può sperimentare la consapevolezza della posizione di "terza parte" e vivere la situazione in modo imparziale, come coscienza stessa. Due persone coscienti non possono, e non si impegneranno in combattimento, che è sempre il risultato di una disparità di quadri mentali. Le menti cattoliche e musulmane, per esempio, sono troppo diverse nei loro orientamenti per essere in grado di trovare un "denominatore comune". Lo scambio culturale e il "rispetto per la diversità" dichiarativo generale, non ha ancora offerto risultati pienamente desiderabili. Il fondamento della cooperazione interculturale reale è nel comune interesse della ricerca oltre la mente, nelle profondità infinite dell'auto-consapevolezza.

8. Cosmo-antropologia

Una questione importante nei regni della fisica e della biologia nel corso del 20° secolo è stata "Com'è possibile che un organismo vivente sia in grado di mantenere un grado minore di entropia rispetto a quella dell'universo in cui si sviluppa?". Noi sappiamo che l'entropia dell'universo è in costante aumento. Eppure, il caso degli organismi viventi è l'antitesi di questo modello. Invece, ogni organismo vivente ha energia libera, che permette la sua crescita e sviluppo. In realtà, gli organismi viventi sono in grado di trasformare le sostanze inanimate in materia vivente. Pertanto, gli organismi stanno in realtà riducendo l'entropia e, quindi, accrescendo l'ordine.

Durante il ventesimo secolo, questa proprietà miracoloso della vita è stata illuminata da Ilya Prigogine, chimico belga di origine russa. Ha sviluppato un modello di "strutture dissipative". Questa era una descrizione matematica della capacità di un organismo vivente di mantenere un livello di entropia inferiore a quello del suo ambiente. Ma ancora, ad oggi, il meccanismo che permette di abbassare i livelli di entropia all'interno di un organismo non è stato ancora scoperto.

In Cina c'è il secolare concetto di bio-energia chiamata "qi" e in India c'è il concetto di bio-energia chiamato "prana". L'entropia non è una caratteristica all'interno di uno di questi sistemi di bio-energia cosmica. Il "Prana" o "qi" è il mezzo, il terreno e la sostanza della vita stessa. Postulo che gli organismi viventi siano in grado di mantenere un livello di entropia inferiore a quello del loro ambiente in modo molto simile a come è inteso in queste cosmologie orientali. Ho eseguito precisi esperimenti bilanciati presso l'Università di Lubiana tra gli anni 1987-1990 .

I risultati di questi esperimenti hanno suggerito che durante la fase di crescita di un organismo, un'energia sconosciuta viene assorbita e può essere osservata con l'aumento di massa . Questa stessa energia sconosciuta lascia il corpo al momento della morte. E affascinante considerare che la massa vivente ha un peso più grande della stessa massa quando non più in vita. Sembra che l'energia vitale che si sviluppa in tutto lo spazio universale, come l'etere ipotetico che abbiamo discusso in precedenza, sia eccezionalmente concentrata in un organismo vivente e questo in qualche modo produce una ulteriore massa vivente misurabile. Forse, all'interno degli organismi viventi questa energia della vita potrebbe essere "il ponte d'informazione" tra l'universo matematico e l'universo materiale.

L'evoluzione della vita è una parte della dinamica cosmica, la vita non è un incidente, ma una stretta legalità. In tutto l'universo la materia ha la tendenza a svilupparsi in organismi viventi, che hanno intelletto e il potenziale della coscienza. La biologia durante il ventesimo secolo, ha erroneamente interpretato l'evoluzione come risultato di mutazioni casuali e lotta per l'esistenza. La mia comprensione è che l'evoluzione della vita è parte integrante delle fasi maggiori cicliche dell'universo in cui la materia evolve verso la coscienza.

La vita è un fenomeno cosmico e non può essere pienamente compreso dal punto di geocentrico e antropomorfico. Osservazioni astronomiche confermano che le molecole organiche, che sono essenziali per lo sviluppo della vita, sono distribuite in tutto lo spazio universale. Su tutti i pianeti simili al nostro, la vita si sta sviluppando verso organismi intelligenti e coscienti. Sicuramente non siamo soli nell'universo, è possibile che le civiltà esterne ci stiano visitando e stiano esplorando il nostro pianeta. Secondo il loro criterio siamo in realtà una civiltà compromessa dall'autodistruzione.

Comprendere l'evoluzione della vita come un processo cosmico, ci permetterà di accettare eventuali civiltà aliene che ci visitano come nostri "fratelli e sorelle universali ". Tutte le civiltà dell'universo hanno sicuramente un ciclo evolutivo simile al nostro: lo sviluppo di emozioni, pensieri e parole, lo sviluppo di pensiero logico e la comprensione che non siamo solo la mente e il corpo, ma anche la coscienza e, infine, l'esplorazione esperienziale della coscienza.

Con la meditazione l'uomo attiva i geni della compassione e della pace e può approfondire nella coscienza. L'evoluzione cosmica ci costringe a crescere da una "dimensione personale" alla coscienza. La coscienza è sempre presente, solo noi siamo in gran parte incapsulati all'interno delle nostre menti e quindi noi non la percepiamo. Con l'osservazione periodica della mente ci risvegliamo in vera coscienza. Il gioco cosmico richiede la nostra piena responsabilità per il nostro sviluppo personale e per lo sviluppo della nostra civiltà. Pensiamo d'avere, ma non abbiamo il libero arbitrio, nel senso di essere in grado di decidere liberamente sulla base di desideri egoistici. Dobbiamo decidere attraverso il nostro contatto interiore con la coscienza. La civiltà occidentale concepisce la libertà come opzione dell'Io, un veicolo per realizzare tutte le nostre idee. Non riusciamo a capire che "liberazione" significa affondamento dell'Io nella coscienza. "L'uomo liberato" diventa uno strumento attraverso il quale la coscienza agisce e si esprime.

Un modello cosmologico dell'universo in equilibrio dinamico (UDE) consente di collegare la scienza e la scienza sociale in una scienza veramente "olistica", dove tutti gli eventi sono descritti all'interno di un unico modello. Ho scritto un libro intitolato "Antropologia Cosmica", con il fisico italiano Fiscaletti. In questo libro abbiamo presentato la possibilità di un approccio integrato per lo studio degli esseri umani e della società umana come componenti dell'universo. Il libro è stato accolto con un certo successo, ma sociologi, psicologi e antropologi preferiscono attenersi al vecchio percorso, il conosciuto e sicuro "approccio geocentrico". Direi che la scienza sociale senza una connessione olistica alla cosmologia è come percepire la Terra come una pianura circondata da un nimbo di cielo stellato.

A questo punto nel tempo, con i problemi del nostro pianeta di natura critica, è necessario che la scienza si svegli e sostituisca i suoi approcci e punti di vista fratturati e parziali, con i modelli più olistici e globali della vita. La scienza parziale non porta allo sviluppo, è troppo facile perdersi nei labirinti delle sue peculiarità. Le soluzioni ai problemi attuali della società di oggi verranno trovati in una nuova visione integrata dell'uomo, della vita e dell'universo. La fame, lo sfruttamento economico, la guerra e l'inquinamento possono trovare soluzione con il risveglio sistematico della coscienza negli esseri umani. L'intelletto senza la coscienza è come una barca senza un adeguato timone. Il sistema educativo in tutto il mondo deve offrire una formazione nel risveglio della coscienza, non solo lo sviluppo dell'intelletto.

Un uomo con la coscienza risvegliata ha un mutato atteggiamento verso se stesso e verso gli altri esseri umani e la natura. L'uomo risvegliato è al di là del semplice concetto di "sopravvivenza", che continua ad essere il problema fondamentale dell'umanità, perché nel complesso ancora giochiamo una partita di "sussistenza". C'è abbastanza abbondanza su questo pianeta per tutte le esigenze delle persone che devono essere soddisfatte. E solo giusto che impariamo a condividere la bontà dell'abbondanza naturale e creata. Quando viviamo in una modalità di auto-sopravvivenza del "prima io", una minoranza di persone genera e accumula ricchezza pensando che questa acquisizione di denaro sia uguale a sicurezza. Non si rendono conto che siamo TUTTI abitanti di questo stesso pianeta Terra, siamo tutti letteralmente sulla stessa barca. Se e quando i sistemi e le reti finanziarie vengono smembrate, sarà il loro denaro che diventerà niente più che carta comune. L'unica soluzione alle crisi ecologiche ed economiche di oggi è un uomo illuminato che non agisce per paura della morte, ma piuttosto agisce per una gioia naturale e abbondante della vita.

Il "profitto" è il concetto più sofisticato e distruttivo nella società umana, perché all'interno dell'universo e della natura l'energia corre in ambienti chiusi. Non c'è inflazione e nessuna svalutazione. Nell'universo il valore totale dell'energia è sempre lo stesso. L'inflazione finanziaria è il risultato di un arricchimento ingiusto di speculatori di borsa, che creano "capitale fittizio", che non è stato veramente ottenuto. Per far sì che i loro soldi ottenuti ingiustamente aumentino di valore, diminuiscono il valore del denaro nel suo complesso. Questa è l'inflazione in poche parole.

In realtà, il denaro è fondamentalmente un mezzo di scambio energetico. Il flusso di energia del denaro di oggi è aspirato da molte sanguisughe che hanno impoverito la società per il loro tornaconto personale. Il sistema giuridico protegge soprattutto i grandi attori economici che fanno i loro crimini. La politica, la magistratura e l'economia sono strettamente legate e lavorano incestuosamente per i propri interessi, che spesso non sono l'interesse delle persone e della natura. Tutto questo accade a causa di un debole legame tra l'uomo e la coscienza.

Veramente questo è un grande gioco cosmico, non è semplicemente un esercizio di sopravvivenza e di sussistenza. Nel gioco vero, l'uomo cosmico può diventare dedicato all'autentica fortuna, quella della coscienza. Tuttavia, per poter vivere e prosperare, deve accettare il gioco cosmico, cioè cedere il sé egoico e diventare uno con la coscienza cosmica. La coscienza è il vostro centro, la fonte della vostra vera forza di volontà, creatività e amore!

9. Come diminuire il disordine della società umana

La società umana è un sottosistema della natura e dell'universo. La teoria evoluzionista dice che la vita si è evoluta nel mare. Nel modello cosmologico del UDE (l'universo in un equilibrio dinamico) la fonte della vita e dell'umanità è l'universo stesso. In questa antropologia cosmica non c'è spazio per le idee di Dio come creatore dell'universo e dell'uomo. Nel 20° secolo abbiamo vissuto nel mondo della fede, ricercando l'aiuto di Dio. Nel 21° secolo la responsabilità è interamente su di noi. L'idea di "Dio" è morta. La coscienza è già operativa in noi: è tempo di permettere alla coscienza di esprimersi pienamente. Qual è il problema con la società di oggi? Dal punto di vista dell'osservatore/coscienza risvegliata, c'è davvero solo un problema nel mondo di oggi e cioè che l'umanità sta ancora lavorando dal livello personale/ego radicato nella mentalità del sé separato, è paura della morte e combatte per la sopravvivenza e in generale una percepita realtà dualistica. Percepiamo ancora persone con diverse convinzioni, membri di altre nazioni e diversi colori della pelle come nostri avversari animali, come persone che sono pericolose e da temere e che devono essere distrutte per garantire la nostra sopravvivenza.

Una vera fraternità tra le nazioni e tra le persone di diverse culture non può ancora avere successo semplicemente perché crediamo di essere troppo diversi e crediamo che a causa di queste differenze, non possiamo autenticamente connetterci e vivere insieme in armonia. Un classico esempio di questo fenomeno è l'ultima guerra balcanica nel 1990, quando ci furono scontri tra serbi ortodossi, croati cattolici e fazioni musulmane. Prima della guerra c'erano migliaia di matrimoni misti, la gente viveva in relativa pace e prosperità. Alcuni politici/psicopatici sono riusciti a dividere le persone, distruggere la possibilità di amicizia, stimolare la lotta animalesca o paure nelle persone e ad avviare quattro anni di guerra, il risultato finale è che i Balcani sono stati fatti a pezzi a molti livelli. Se le persone nei Balcani fossero state più allineate con la coscienza, avrebbero imprigionato quei pochi politici/psicopatici in manicomio e avrebbero vissuto e dimorato in pace.

Quando un uomo scopre che la coscienza, può quindi diventare veramente indipendente. Egli può eticamente e abilmente guidare una società o un paese, perché il fondamento del suo funzionamento è la coscienza stessa. Il risveglio della coscienza dell'umanità cambierà radicalmente le strutture statali e sociali che usiamo. Faremo meno affidamento su leggi e ci sarà ridotta attenzione sull'emanare e far rispettare delle leggi. Ci sarà più pace in generale. Il denaro tornerà alla sua funzione più basilare, primaria e originale che è il semplice scambio di risorse. E ora che chi detiene le redini del potere inizi a distinguersi sinceramente e fuori dal triste gioco geopolitico in uno sforzo per accelerare deliberatamente il risveglio globale della coscienza dell'umanità. In tal modo, possono vivere sia efficacemente che onorevolmente. Se i politici semplicemente mantengono lo status quo, prevedo che presto la gente con la forza li metterà fuori ufficio.

La questione non è semplicemente se il capitalismo sia meglio del comunismo. La domanda è piuttosto, come possiamo creare un'economia o una società che opererà in conformità con la legge cosmica? L'individuo è l'unità base o il blocco di costruzione della società. Con il risveglio della coscienza di un individuo, viene creato un canale cosciente attraverso il quale la coscienza può lavorare per trasformare la società. Usando il gergo della fisica, potremmo dire, che con la consapevolezza intenzionale dell'individuo possiamo ridurre l'entropia sociale complessiva. Questo sarà poi riflesso in una diminuzione dei rifiuti, incidenti stradali, malattie croniche e criminalità illecita. La realtà che nei grandi paesi sviluppati del mondo di oggi, spendiamo preziosa acqua potabile fresca per pulire i nostri scarichi è un segno semplice e grave che l'umanità ha bisogno di svegliarsi. Io vivo in una fattoria, dove usiamo un gabinetto di compostaggio. Con i nostri rifiuti arricchiamo il terreno, non abbiamo sistemi fognari. Attualmente il disordine (entropia) della società moderna è maggiore del disordine naturale, il mezzo di esistenza, che sostiene la società. L'obiettivo modesto di uno sviluppo sostenibile è quello di ridurre il disordine sociale a livelli commisurati alla pari con il livello naturale di entropia. Sfortunatamente, i leader del movimento di sviluppo sostenibile non sono giunti al consenso che la ricerca sulla coscienza esperienziale sia la chiave di volta per rendere tutto questo realtà.

Oggi c'è un gran parlare d'integrazione di diverse religioni e culture, ma in ultima analisi, le persone continuano a rimanere radicate nelle proprie convinzioni e idee. Le persone non riescono a vedere che il comune denominatore di tutte le religioni e le culture è la coscienza. Molti nuovi partecipanti ad una religione hanno esperienze profonde della coscienza, tutte le grandi scoperte scientifiche e realizzazioni artistiche sono l'ispirazione che proviene dalle profondità della coscienza. Il 21° secolo può essere un momento in cui diciamo addio ai nostri egoismi nani e ci immergiamo a capofitto nella coscienza infinita, che è il filo di base nel tessuto dell'universo e che sarà anche il filo principale della società cosciente.